Introduzione

Una semplice matrice quadrata piccolina: due righe, due colonne.

É tutto ciò che occorre per conoscere un triangolo rettangolo e per distinguerlo da tutti gli altri triangoli rettangoli.

La matrice di quattro numeri, legati tra loro, custodisce tutte le informazioni necessarie per definirlo in maniera univoca.

La parola "matrice" non deve preoccupare gli inesperti: per utilizzare questo oggetto matematico, in cui ogni numero è collocato in un posto preciso, è sufficiente saper padroneggiare tre operazioni: addizione, sottrazione e moltiplicazione.

La divisione è necessaria solo per calcolare qualche media o poco più e la radice quadrata viene usata solamente per le verifiche.

Iniziamo così un gioco che al nastro di partenza ha due sequenze numeriche molto conosciute: quella di Fibonacci e quella di Pell.

Creeremo due sequenze parallele che, vedremo tra poco, assomiglieranno ad un "ponte di numeri".

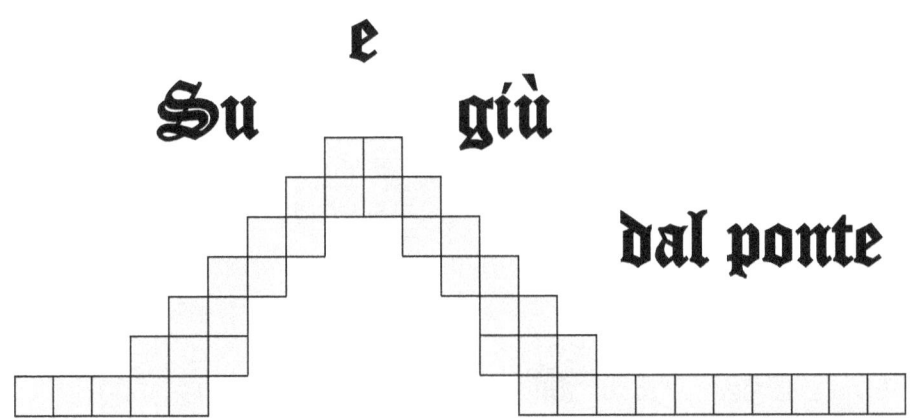

Su e giù dal ponte

Autore: LaVolpe stravagante
Davide Ceriani

Editore: A. Franca Parolini
Copyright © A. F. Parolini

ISBN
978 − 1 − 300 − 76162 − 4

Prima edizione: novembre 2013. Nuova impaginazione: gennaio 2015
Perfezionamento e commenti: settembre 2015

Capitolo 1
Su e giù dal ponte

Tentar non nuoce!

La serie di Fibonacci[1], riconosciuta e codificata OEIS[2] "A000045"[3] si basa, partendo da 0 e 1, sulle semplici somme delle coppie di numeri contigui per ottenere i numeri successivi,

0 , 1 , 1 , 2 , 3 , 5 , 8 , 13 , 21 ...

La somma dei due numeri contigui consente di ottenere il numero seguente; per cui dopo 0 e 1 si ha 0+1 uguale a 1, poi 1+1 =2 e, andando avanti, 2+1=3 e 3+2=5 e 5+3=8.

Invece la sequenza di John Pell[4] (codice serie OEIS A000129[5]) prevede il doppio del numero citeriore più quello ulteriore per ottenere quello seguente.

0 , 1 , 2 , 5 , 12 , 29 , 70 , 169 ...

Infatti, dopo 0 e 1, si ottiene il numero 2 perché 2 è il doppio di 1 più zero, poi si ricava 5, perché 5 è il doppio di 2 più 1, e poi 12 perché 12 è il doppio di 5 più 2 e poi 29, perché 29 è il doppio di 12 più 5, eccetera, eccetera ...

È catalogata altresì, la serie delle differenze di Pell, (1-0=1, 2-1=1, 5-2=3, 12-5=7 ...) con codice OEIS "A001333",

1 , 1 , 3 , 7 , 17 , 41 , 99 , 239 ...

---

1 Fibonacci: Leonardo Pisano detto Leonardo Fibonacci, perché "filius del Bonacci" (Pisa, 1170 – Pisa, 1240 circa) fu un matematico italiano

2 www.oeis.org OEIS, acronimo di: "On-line Encyclopedia of Integer Sequences"; enciclopedia on-line delle sequenze intere.

3 OEIS A000045, sequenza di Fibonacci

4 John Pell (Southwick, 1º marzo 1611 – Westminster, 12 dicembre 1685) è stato un matematico e linguista inglese.

5 OEIS A000129, sequenza di Pell.

Sovrapponendo la serie principale di Pell (A000129) alla serie delle differenze di Pell (A001333[6]) meglio ancora, sequenza "tutta dispari di Pell", che comunque porta ufficialmente con sé un nome particolare, come indicato nelle note, si può notare una analogia con la serie di Fibonacci,

0 , 1 , 2 , 5 , 12 , 29 , 70 , 169 ...

1 , 1 , 3 , 7 , 17 , 41 , 99 , 239 ...

ovvero che si può costruire questa doppia serie di Pell con somme semplici, senza dover doppiare il numero citeriore. Partiamo dal numero 1 che giace in basso a sinistra lo sommiamo con lo zero che gli sta sopra e otteniamo il numero uno a fianco dello zero

0 ___ 1 ...
|
1

A questo punto sommo i primi due numeri che stanno in alto (0 e 1), ottengo 1 e lo metto alla base; risalgo e con 1+1 ottengo 2.

0 ___ 1 ___ 2 ...
| |
1   1

Per ottenere il previsto 5 della serie principale di Pell, senza fare il doppio di 2 e addizionargli l'1, approfitto della seconda arcata, 1+2=3

---

6   Serie OEIS A001333 è ufficialmente battezzata come: "Numeratori di frazioni continue convergenti a radice quadrata di 2". Ovvero i quozienti con la serie di Pell (3/2 , 7/5 , 17/12 , 41/29 , 99/70 , 239/169 ...) approssimano sempre più precisamente la $\sqrt{2}$

```
0 _ 1 _ 2  ...
|    |    |
1    1    3
```

E poi risalgo con 3+2=5. Ora, per proseguire, 2+5=7 alla base;

```
0 _ 1 _ 2 _ 5  ...
|    |    |    |
1    1    3    7
```

procedendo si ricavano i numeri successivi: salgo 7+5=12,

```
0 _ 1 _ 2 _ 5 _ 12  ...
|    |    |    |
1    1    3    7
```

scendo 5+12=17;

```
0 _ 1 _ 2 _ 5 _ 12  ...
|    |    |    |    |
1    1    3    7    17
```

salgo 17+12=29 e scendo 12+29=41;

```
0 _ 1 _ 2 _ 5 _ 12 _ 29  ...
|    |    |    |    |    |
1    1    3    7    17   41
```

salgo nuovamente 41+29=70 e scendo ancora con 29+70=99.

```
0 _ 1 _ 2 _ 5 _ 12 _ 29 _ 70  ....
|    |    |    |    |    |    |
1    1    3    7    17   41   99
```

Potrei andar avanti all'infinito, con la serie principale e la serie tutta dispari di Pell, usando le somme semplici, "alla Fibonacci".

0		1		2		5		12		29		70		169		408	...
|		|		|		|		|		|		|		|		|	
1		1		3		7		17		41		99		239		577	

Questo andar su e giù dà origine al ponte dei numeri.

Dopo aver paragonato questa coppia di serie numeriche al ponte, confermiamo che i numeri in basso, alla base, dove immaginiamo che scorra l'acqua, sono tutti dispari, mentre i numeri in alto sono alternatamente pari, dispari.

Quello che ho descritto è il ponte principale, ottenuto partendo con i due numeri più piccoli: lo zero e l'uno.

Ma di ponti se ne possono creare tantissimi, con poche limitazioni: basta scegliere una coppia di numeri aventi le seguenti peculiarità:

- quello alla base deve essere dispari

- quello che sta sopra può essere sia pari sia dispari, purché sia coprìmo con quello dispari messo alla base; ovvero è necessario che il loro massimo comune divisore sia 1.

Prendo come esempio 19, dispari, da mettere alla base, e 14 da mettere in alto; 14 e 19 sono coprìmi.

$$14$$
$$|$$
$$19$$

Applicando alla regola la semplice somma, ottengo, andando a destra, 19+14=33 e riscendendo alla base 14+33=47

$$14 \quad 33$$
$$| \quad |$$
$$19 \quad 47$$

Viceversa, se si vuole andare a sinistra, uso la semplice sottrazione: 19-14=5 e scrivo 5 alla sinistra di 14 e poi scendo con un'altra sottrazione 14-5=9 e pongo il 9 in basso.

$$5 \quad 14$$
$$| \quad |$$
$$9 \quad 19$$

Il ponte dei numeri si costruisce andando verso destra con normalissime somme e verso sinistra con semplici sottrazioni.

$$5 \quad 14 \quad 33$$
$$| \quad | \quad |$$
$$9 \quad 19 \quad 47$$

$$4 \quad 5 \quad 14 \quad 33 \quad 80$$
$$| \quad | \quad | \quad | \quad |$$
$$1 \quad 9 \quad 19 \quad 47 \quad 113$$

Capitolo 2
La piccola matrice quadrata

La più piccola matrice quadrata è composta da quattro numeri, posizionati sugli angoli del quadrato: in alto a sinistra, in alto a destra, in basso a sinistra e in basso a destra.

Accoppiandoli si hanno:

- due righe orizzontali, costituite dai due numeri in alto e dai due numeri in basso,
- due colonne verticali, individuate dai due numeri posti a destra e dai due numeri messi a sinistra
- due diagonali, associando, rispettivamente, il numero in alto a sinistra con quello in basso a destra e quello in alto a destra con quello in basso a sinistra.

Prendiamo un paio di piccole matrici quadrate, individuando, a caso, tra le serie che abbiamo appena visto, una porzione di quattro numeri adiacenti:

$$
\begin{array}{cc}
12 \quad\underline{\quad}\quad 29 \\
| \qquad | \\
17 \qquad 41
\end{array}
\quad e \quad
\begin{array}{cc}
5 \quad\underline{\quad}\quad 14 \\
| \qquad | \\
9 \qquad 19
\end{array}
$$

tutte le matrici costruite con le modalità riportate sono in grado di soddisfare le caratteristiche dei triangoli rettangoli.

Il prodotto dei numeri soggiacenti, quelli alla base, crea il cateto dispari.

17*41=697   9*19=171

Dal prodotto dei numeri sollevati, quelli della riga in alto, si ottiene la metà del cateto pari.

12*29=348   5*14=70

quindi i cateti pari sono

696=348*2   140=70*2

La somma dei prodotti incrociati (in diagonale) fornisce l'ipotenusa:

12*41+17*29=985   5*19+9*14=221

L'ipotenusa è anche ottenibile dalla differenza dei prodotti delle due colonne: il prodotto della colonna di destra meno il prodotto della colonna di sinistra

41*29−12*17=985   19*14−5*9=221

Verifichiamo ora applicando il Teorema di Pitagora[7]: "*il quadrato costruito sull'ipotenusa è uguale alla somma dei quadrati costruiti sui due cateti*".

Proviamo dunque a dimostrare che 696 e 697 sono cateti interi aventi 985 come ipotenusa intera e, perché no, che 171 e 140 sono anch'essi cateti interi con intera, 221, la loro ipotenusa.

$696^2 + 697^2$ = 970225

985^2 = 970225

$140^2 + 171^2$ = 48841

221^2 = 48841

7 Pitagora (Samo, 570 a.C. circa – Metaponto, 495 a.C. circa) fu un matematico, legislatore, filosofo, astronomo, scienziato e politico greco antico, secondo quanto tramandato dalla tradizione

Capitolo 3

Determinatamente

Riscriviamo il primo ponte di numeri:

0	1	2	5	12	29	70	169	408	...
1	1	3	7	17	41	99	239	577	

ed esaminiamo alcune arcate, contigue,

5	12		12	29		29	70
7	17		17	41		41	99

calcoliamo quindi i determinanti. Per chi non lo sapesse già, si chiama determinante la differenza del prodotto delle due diagonali: il prodotto tra il numero in alto a sinistra e in basso a destra meno il prodotto tra quello in alto a destra e in basso a sinistra.

$5*17 - 12*7 = 85-84 = +1$

$12*41 - 29*17 = 492-493 = -1,$

$29*99 - 70*41 = 2871-2870 = +1$

Il modulo rimane sempre lo stesso, il segno cambia, si alterna:

$-1, +1, -1, +1, -1, +1, -1, +1, -1, +1, ...$

Svolgiamo le medesime operazioni su un altro ponte di numeri

5	14		14	33		33	80
9	19		19	47		47	113

e calcoliamo i determinanti

$5*19 - 14*9 = 95-126 = -31$

14*47 – 33*19 = 658–627 = +31

33*113 – 80*47 = 3729–3760 = –31

Anche qui il modulo non cambia, il segno si alterna:

–31, +31, –31, +31, –31, +31, –31, +31 ....

I numeri viaggiano con determinazione: il modulo rimane invariato e il segno si alterna senza sosta, più, meno, più, meno, più, meno.

Ciò avviene con qualunque coppia scelta in partenza; il determinante può essere immediatamente individuato facendo il doppio del quadrato del numero che sta sopra e sottraendogli il quadrato del numero che sta alla base procedimento noto come equazione di Pell. Prendiamo:

$$14$$
$$|$$
$$19$$
$$2 * 14^2 – 19^2 = 392–361 = +31$$

$$33$$
$$|$$
$$47$$
$$2 * 33^2 – 47^2 = 2178–2209 = –31$$

Poiché il numero rimane lo stesso, alternando segno positivo e negativo, siamo anche in grado di prevedere le caratteristiche delle terne pitagoriche che intendiamo creare: procedendo verso destra, se il determinante è positivo, il cateto pari è maggiore del cateto dispari; se il determinante è negativo il cateto dispari è più grande del pari.

Effettuiamo una verifica!

$$14 \quad \underline{\quad} \quad 33$$
$$| \qquad |$$
$$19 \qquad 47$$

L'equazione di Pell prevede: $2*14^2 - 19^2 = 392{-}361 = +31$

Il determinante della matrice è $14*47 - 33*19 = 658{-}627 = +31$

Il determinante conferma l'equazione di Pell.

Il cateto pari è $2*14*33 = 924$

Il cateto dispari è $19*47 = 893$

Il cateto pari supera di 31 unità il cateto dispari (924-893). L'ipotenusa, inoltre, può essere quantificata in vari modi:

a) sommando i prodotti delle diagonali:

$14*47 + 33*19 = 658 + 627 = 1285$

b) calcolando di quanto differiscono i prodotti delle colonne:

$33*47 - 14*19 = 1551 - 266 = 1285$

c) aggiungendo al cateto dispari il doppio del quadrato del numero in alto a sinistra:

$893 + 2*14^2 = 893 + 2*196 = 1285$

d) addizionando al cateto pari il quadrato del numero in basso a sinistra:

$924 + 19^2 = 924 + 361 = 1285$

e) togliendo il cateto dispari dal doppio del quadrato del numero in alto a destra:

$2*33^2 - 893 = 2*1089 - 893 = 1285$

f) sottraendo il cateto pari dal quadrato del numero in basso a destra:

$47^2 - 924 = 2209 - 924 = 1285$

Oppure usando le formule più conosciute:

g) il teorema di Pitagora

$$\sqrt{924^2 + 893^2} = \sqrt{1651225} = 1285$$

h) la prima formula di Euclide, sfruttando i numeri in alto

$(14^2 + 33^2) = 196 + 1089 = 1285$

i) la seconda formula di Euclide[8], operando con i numeri alla base

$$(19^2 + 47^2)/2 = (361+2209)/2 = 1285$$

Supponiamo che sia stato un colpo di fortuna. Prendiamo un paio di numeri a caso, ad esempio il 15, dispari, da mettere alla base e, questa volta, un altro numero dispari. Il 3 e il 5 non andrebbero bene dato che 15 è 3 per 5 e usufruendo di uno di questi non otterremmo una terna primitiva; anche il 9, multiplo di 3, è inadatto.

Seleziono il numero 11 e lo metto sopra.

11

|

15

Metto in alto a destra il 26 che è 15+11 e poi, sotto il 26, il numero 37 che ottengo dalla somma 11+26

11 __ 26

| |

15   37

Applico l'equazione di Pell ai numeri prescelti e ottengo 17

$$2*11^2 - 15^2 = 242 - 225 = 17$$

Calcolo il determinante della matrice (11*37)–(26*15)=407–390 che mi conferma il numero 17: pertanto i cateti differiranno di 17.

Ricavo il doppio del prodotto dei numeri in alto:

2*11*26 = 572, cateto pari

E il prodotto dei numeri alla base:

15*37 = 555, cateto dispari.

---

8   Euclide (in greco: Ευκλείδης; 323 a.C. – 286 a.C.) è stato un matematico greco antico, che visse durante il regno di Tolomeo I

I due cateti differiscono, cateto pari meno cateto dispari, 572-555, di quanto previsto: 17

Utilizzo adesso tutte le formule per il calcolo dell'ipotenusa:

a) sommo i prodotti delle diagonali:

$11*37 + 26*15 = 407 + 390 = 797$

b) calcolo di quanto differiscono i prodotti delle colonne:

$26*37 - 15*11 = 962 - 165 = 797$

c) aggiungo al cateto dispari il doppio del quadrato del numero in alto a sinistra:

$555 + 2*11^2 = 555 + 2*121 = 797$

d) addiziono al cateto pari il quadrato del numero in basso a sinistra:

$572 + 15^2 = 572 + 225 = 797$

e) tolgo il cateto dispari dal doppio del quadrato del numero in alto a destra:

$2*26^2 - 555 = 2*676 - 555 = 797$

f) sottraggo il cateto pari dal quadrato del numero in basso a destra:

$37^2 - 572 = 1369 - 572 = 797$

E, anche usando le formule più conosciute

g) il teorema di Pitagora

$\sqrt{555^2 + 572^2} = \sqrt{635209} = 797$

h) la prima formula di Euclide

$(11^2 + 26^2) = 121 + 676 = 797$

i) la seconda formula di Euclide

$(15^2 + 37^2)/2 = (225 + 1369)/2 = 1594/2 = 797$

Trovo sempre 797.

Possiamo continuare con molta serenità.

Inoltre si può notare che, poiché il triangolo è rettangolo, quindi, arbitrariamente, con un cateto corrispondente alla base e l'altro all'altezza, il prodotto dei quattro numeri coincide con l'area.

Infatti: 572*555/2 (base per altezza diviso due) = 158730

esattamente come:

15 * 11 * 26 * 37 = 158730

Capitolo 4

Passeggiando sul ponte

Prendiamo in mano l'ultima matrice considerata:

```
11 __ 26  ...
 |     |
15    37
```

che ha come cateti 572 e 555,

e allunghiamo il ponte dei numeri andando un po' a sinistra e un po' a destra:

```
3 __ 4 __ 11 __ 26 __ 63 __ 152  ....
|    |    |     |     |     |
1    7    15    37    89    215
```

A sinistra si ricavano: 4 che è 15 meno 11 e 7 che è 11 meno 4; e poi 3=7–4 e 1=4–3.

A destra i numeri incrementano:

37+26=63, poi, 26+63=89 e così via.

Partiamo con i numeri più piccoli, a sinistra.

```
3 __ 4
|    |
1    7
```

Il cateto pari è ottenibile raddoppiando il prodotto dei numeri in alto: $2 * 3 * 4 = 24$

Per calcolare il cateto dispari è sufficiente fare il prodotto dei numeri in basso: $1 * 7 = 7$

Applicando qualsiasi formula conosciuta riguardante i triangoli rettangoli, si ottiene una ipotenusa che vale 25; il perimetro è 56, la somma dei cateti è uguale a 31. Il cateto pari è più grande del cateto dispari essendo positivo il determinante 7*3 – 4*1 = +17.

Procediamo con la successiva arcata del ponte in esame

$$\begin{array}{cc} 4 & 11 \\ \overline{} & \\ | & | \\ 7 & 15 \end{array}$$

Il cateto pari è ottenibile raddoppiando il prodotto dei numeri in alto   2 * 4 * 11 = 88

Ancora una volta, per calcolare il cateto dispari è sufficiente fare il prodotto dei numeri in basso   7 * 15 = 105

Tutte le formule possibili e immaginabili consentono di ottenere una ipotenusa che vale 137; il perimetro è 330 e la somma dei cateti è ugual 193. Il cateto pari è più piccolo del cateto dispari essendo negativo il determinante   4*15 – 11*7 = –17.

Proseguiamo con l'altra arcata, già indagata:

$$\begin{array}{cc} 11 & 26 \\ \overline{} & \\ | & | \\ 15 & 37 \end{array}$$

Il cateto pari è già conosciuto 2 * 11 * 26 = 572

E anche quello dispari 15 * 37 = 555

L'ipotenusa è 797, il perimetro 1924, la somma dei cateti 1127.

Confrontiamo ora il susseguirsi dei numeri ottenuti dai numeri dello stesso ponte.

Le ipotenuse sono: 25, 137 e 797

I perimetri sono: 56, 330 e 1924

Le somme dei cateti: 31, 193 e 1127

C'è una correlazione tra questi numeri? La risposta è sì: i valori in mezzo sono un sesto della somma di quelli che li affiancano.

Ovvero:

137 = (25+797)/6

330 = (56+1924)/6

193 = (31+1127)/6

Pertanto, elaborando le formule, se si vuole andare verso destra, basta calcolare il sestuplo del vicino e sottrargli il precedente. Verifichiamo:

6*137 − 25 = 797

6*330 − 56 = 1924

6*193 − 31 = 1127

È ovvio che sia possibile invertire il senso di marcia:

6*137 − 797 = 25

6*330 − 1924 = 56

6*193 − 1127 = 31

Proviamo a svolgere una verifica che ci soddisferà, senza ombra di dubbio. Andiamo verso destra, prendiamo le ipotenuse 137, 797 e i perimetri 330, 1924 e le somme dei cateti 193, 1127.

Effettuiamo i conteggi:

6*797 − 137 = 4645 è la prossima ipotenusa?

6*1924 − 330 = 11214 è il successivo perimetro?

6*1127 − 193 = 6569   è il numero che scopriremo sommando i cateti?

Recuperiamo la successiva arcata del ponte dei numeri in questione:

26   63
——
| |
37   89

Il cateto pari è ottenibile raddoppiando il prodotto dei numeri in alto

2 * 26 * 63 = 3276

Per il cateto dispari è abbastanza il prodotto dei numeri in basso

37 * 89 = 3293

La loro somma è 6569, come previsto. Qualunque formula si volesse applicare ci confermerebbe 4645 per l'ipotenusa e 11214 per il perimetro. Verifichiamo:

sommo i prodotti delle diagonali:

$$63*37 + 26*89 = 2331 + 2314 = 4645$$

calcolo di quanto differiscono i prodotti delle colonne:

$$89*63 - 26*37 = 5607 - 962 = 4645$$

incremento il cateto dispari con il doppio del quadrato del numero in alto a sinistra:

$$3293 + 2*26^2 = 3293 + 2*676 = 4645$$

aggiungo al cateto pari il quadrato del numero in basso a sinistra:

$$3276 + 37^2 = 3276 + 1369 = 4645$$

rimuovo il cateto dispari dal doppio del quadrato del numero in alto a destra:

$$2*63^2 - 3293 = 2*3969 - 3293 = 4645$$

tolgo il cateto pari dal quadrato del numero in basso a destra:

$$89^2 - 3276 = 7921 - 3276 = 4645$$

E, anche usando le formule più conosciute:

il teorema di Pitagora:

$$\sqrt{3276^2 + 3293^2} = \sqrt{21576025} = 4645$$

la prima formula di Euclide:

$$(63^2 + 26^2) = 3969 + 676 = 4645$$

la seconda formula di Euclide:

$$(89^2 + 37^2)/2 = (7921 + 1369)/2 = 4645$$

Tutto è giusto e perfetto!

Riscriviamo tutte le serie prese in considerazione:

Le ipotenuse sono: 25, 137, 797 e 4645

I perimetri sono: 56, 330, 1924 e 11214

Le somme dei cateti: 31, 193, 1127 e 6569

I conteggi svolti confermano che tutte le terne pitagoriche sono legate tra di loro e ci permettono di poterle ottenere in svariati modi. C'è una ricorrenza.

Proseguirò addentrandomi nella matematica con le lettere, cercando di non tralasciare i passaggi, per far sì che sia il più possibile comprensibile.

Ma prima diamo nuovamente uno sguardo alla sequenza di Pell:

0, 1, 2, 5, 12, 29, 70, 169, 408, 985, 2378, 5741, ...

Il primo dispari di questa sequenza è il numero 1 e il primo pari, affiancato alla destra dell'1, è il numero 2

Poi ci sono le altre coppie dispari/pari: 5, 12 e poi 29, 70 e andando avanti 169, 408.

La terna più piccola disponibile con determinante +17 è 7,24,25. Il perimetro vale 56 e la somma dei cateti 31.

Trasformiamo   quest'ultima   terna   Pitagorica   applicando opportunamente i coefficienti della sequenza di Pell.

Usiamo la prima coppia dispari/pari: 1,2.

Moltiplichiamo l'ipotenusa per 1 e le aggiungiamo il doppio del perimetro: 25*1 + 56*2. Otteniamo 137. Osserviamo che 137 è la successiva ipotenusa, quella della terna (105,88,137) con determinante −17.

Usiamo l'altra coppia 5, 12.

Quintuplichiamo l'ipotenusa e aggiungiamo il perimetro moltiplicato per 12: 25*5 + 56*12. Otteniamo 797 la terza ipotenusa, quella della terna (555,572,797) con determinante +17.

Estendiamo i calcoli alla terza coppia 29, 70.

Calcoliamo la quarta ipotenusa moltiplicando la prima per 29 e aggiungendole il perimetro moltiplicato per 70: 25*29 + 56*70. Otteniamo 4645 che è quella della terna (3293,3276,4645) con determinante −17.

La sequenza di Pell è una bacchetta magica che permette, avendo una terna pitagorica primitiva, di ottenere tutte le successive terne, sempre primitive, con la medesima differenza tra i cateti.

Consultiamo un sito internet e recuperiamo una terna Pitagorica primitiva qualsiasi, ad esempio (35,12,37). Questa terna ha come determinante 12−35 = −23

Costruiamo la matrice che si abbina a questa terna. Quando i numeri sono piccoli è facile ricavarla a colpo d'occhio: essendo 35 il cateto dispari abbiamo come possibilità 1*35 oppure 5*7

Avendo il numero 12 in qualità di cateto pari, ed essendo 6 la sua metà, abbiamo come possibilità 1*6 oppure 2*3

I quattro numeri che soddisfano le condizioni del ponte sono pertanto 5 e 7 alla base e, in alto, 1 e 6.

$$\begin{array}{cc} 1 & 6 \\ \mid & \mid \\ 5 & 7 \end{array}$$

Infatti abbiamo 5+1=6 e 1+6=7; l'ipotenusa viene confermata calcolando 1*7+6*5 che è uguale a 37.

Il determinante 1*7−6*5= −23

La somma dei cateti è 47 e il perimetro 84.

Qualora non ci fosse il colpo d'occhio si può usufruire di quattro formulette:

- il numero alla base, in basso a sinistra, è la radice dell'ipotenusa meno il cateto pari: $\sqrt{37-12} = \sqrt{25} = 5$
- il numero alla base, in basso a destra, è la radice dell'ipotenusa più il cateto pari: $\sqrt{37+12} = \sqrt{49} = 7$
- il numero in alto a destra è la radice della media aritmetica dell'ipotenusa col cateto dispari:

$$\sqrt{\frac{37+35}{2}} = \sqrt{36} = 6$$

- il numero in alto a sinistra è la radice dello scarto medio tra ipotenusa e cateto dispari:

$$\sqrt{\frac{37-35}{2}} = \sqrt{1} = 1$$

Prevediamo le successive ipotenuse usando le coppie "dispari/pari" della sequenza di Pell, (1,2 poi 5,12 poi 29,70), ovvero moltiplicando l'ipotenusa per "Pell dispari" e aggiungendo il prodotto del perimetro con "Pell pari":

37*1 + 84*2   = 205
37*5 + 84*12   = 1193
37*29 + 84*70   = 6953

Costruiamo il ponte:

```
    1    6    13    32    77    186  ...
    _    _    _     _     _     _
    |    |    |     |     |     |
    5    7    19    45    109   293
```

Calcoliamo tutti i cateti dispari:
5*7=35

7*19=133

19*45=855

45*109=4905

Ricaviamo i cateti pari:

2*1*6=12

2*6*13=156

2*13*32=832

2*32*77=4928

Otteniamo le ipotenuse, alla luce delle varie possibilità, aggiungendo questa volta ai cateti pari il quadrato del numero in basso a sinistra:

$2*1*6 + 5^2 = 12 + 5^2 =$ 37

$2*6*13 + 7^2 = 156 + 7^2 =$ 205

$2*13*32 + 19^2 = 832 + 19^2 =$ 1193

$2*32*77 + 45^2 = 4928 + 45^2 =$ 6953

Oppure con il teorema di Pitagora; formula diversa, stessi numeri:

$\sqrt{35^2 + 12^2} = 37$

$\sqrt{133^2 + 156^2} = 205$

$\sqrt{855^2 + 832^2} = 1193$

$\sqrt{4905^2 + 4928^2} = 6953$

Guarda caso, 205 è un sesto di 37+1193 e, ovviamente, 1193 è un sesto di 205+6953.

Anche questa volta tutti i numeri combaciano. La sequenza principale di Pell: 0, 1, 2, 5, 12, 29, 70, 169, 408, 985, 2378, 5741, … è un propellente, è formidabile!

E non ci si ferma qui. Voglio i cateti successivi?

Certo, si può!

Il successivo cateto pari è il doppio del perimetro meno il cateto pari e il successivo cateto dispari è il doppio del perimetro meno il cateto dispari.

Usiamo ancora 35, 12, 37; il cateto pari è 12 e il perimetro 84

Il successivo cateto pari è 2*84 – 12 ovvero 156

Il successivo cateto dispari è 2*84 – 35 ovvero 133

Riguardo ai cateti, è necessario per ora limitarsi alla prima coppia (1,2) di Pell. Vedremo più in là, quando tratteremo la serie "tutta dispari di Pell", le altre illimitate possibilità.

Comunque, calcolando l'ipotenusa, 2*84 + 37 = 205, e quindi il perimetro 205+156+133=494,

posso applicare la coppia di Pell (1, 2) per proseguire:

il successivo cateto pari è doppio perimetro meno cateto pari: 2*494 – 156 = 832

Il successivo cateto dispari è doppio perimetro meno cateto dispari: 2*494 – 133 = 855

La successiva ipotenusa è doppio perimetro più ipotenusa: 2*494 + 205 = 1193

Capitolo 5
Pitagora, Euclide, Erone

La formula di Erone[9]: ma com'è strana la formula di Erone! E come la scoprì Erone? Fu un caso? Un colpo di fortuna?

Una formula che si si basa sul semiperimetro ...

Per un qualsiasi triangolo l'area è la radice quadrata del prodotto del semiperimetro, per il semiperimetro meno il primo lato, per il semiperimetro meno il secondo lato, per il semiperimetro meno il terzo lato.

$$A = \sqrt{S(S - L_1)(S - L_2)(S - L_3)}$$

Dovendo applicare la formula di Erone ai triangoli rettangoli è inutile citare i generici lati L_1, L_2, L_3; abbiamo un cateto pari che chiamiamo P, un cateto dispari a cui attribuiamo la lettera D, una ipotenusa abbinata alla lettera I e la lettera S per il semiperimetro. La parola perimetro inizia con la lettera "P", già utilizzata per il cateto pari: pertanto uso per il perimetro la lettera "T", poiché è rappresentativo dei Tre lati del Triangolo.

Adesso prendiamo una matrice, una piccola matrice quadrata, una arcata del ponte, generalizzandola con le prime due lettere dell'alfabeto, "a" e "b" e cerchiamo di far stare insieme Pitagora, Erone e Euclide.

$$\begin{array}{ccc} \underline{\quad} & b & a \\ & \underline{\quad} & \underline{\quad} \\ & | & | \\ & a-b & a+b \end{array}$$

---

9 Erone di Alessandria (chiamato anche Erone il Vecchio) fu un matematico, ingegnere e inventore. La sua collocazione cronologica non è sicura e oscilla fra il I secolo a.C. ed il II secolo a.C..

così facendosi soddisfano le regole del ponte, dato che

$(a-b) + b = a$

$b + a = (a+b)$

applichiamo la prima formula di Euclide. Essa consente, con una coppia di numeri "a,b" di ottenere:

con $(2*a*b)$ il cateto pari, poi, con (a^2-b^2) il cateto dispari e con (a^2+b^2) l'ipotenusa.

Guardando la matrice ponte, generica, usando le lettere, si nota subito che il cateto pari coincide con Euclide:

$b*a$ è la metà del cateto pari, quindi questo è $2*a*b$; $P=2ab$.

Il prodotto dei numeri alla base del ponte, questa volta il generico cateto dispari, $(a+b)*(a-b)$, combacia con Euclide (a^2-b^2):

$D=(a^2-b^2)$.

Per il calcolo dell'ipotenusa procediamo con la somma dei prodotti delle due diagonali e verifichiamo se è uguale a (a^2+b^2).

$b*(a+b)+a*(a-b)= ab + b^2 + a^2 - ab = a^2+b^2$

a^2+b^2 confermato! Ipotenusa: $I=(a^2+b^2)$.

Sommando i cateti e l'ipotenusa, ricaviamo il perimetro T:

$T = P+D+I = 2ab + (a^2-b^2) + (a^2+b^2) = 2ab + 2a^2$.

Pertanto il "semiperimetro" $S = ab + a^2 = a(a+b)$ coincide con la colonna di destra della matrice, prodotto di (a) per (a+b).

Il "semiperimetro meno l'ipotenusa" è:

$S - I = a(a+b) - (a^2+b^2) = ab - b^2 = b(a-b)$.

Quindi il "semiperimetro meno l'ipotenusa" coincide con la colonna di sinistra della matrice, prodotto di (b) per (a-b).

Il "semiperimetro meno il cateto dispari" è:

$S - D = a(a+b) - (a^2-b^2) = ab + b^2 = b(a+b)$.

Guarda caso il "semiperimetro meno il cateto dispari" coincide con la diagonale "in alto a sinistra, in basso a destra" della matrice, prodotto di (b) per (a+b).

Il "semiperimetro meno il cateto pari" è:

$S - P = a(a+b) - 2ab = a^2 + ab - 2ab = a(a-b)$.

E a sua volta il "semiperimetro meno il cateto pari" coincide con la diagonale "in alto a destra, in basso a sinistra" della matrice, prodotto di (a) per (a-b).

Verifichiamo *"il quadrato costruito sull'ipotenusa è uguale alla somma dei quadrati costruiti sui cateti"*, o, meglio, "il quadrato costruito sull'ipotenusa meno la somma dei quadrati costruiti sui cateti è zero":

$(a^2+b^2)^2 - (2ab)^2 - (a^2-b^2)^2 =$

$a^4 + 2a^2b^2 + b^4 - 4a^2b^2 - a^4 + 2a^2b^2 - b^4 = 0$

Ok, tutto ok.

È diventata pertanto agevole la convivenza, in una matrice, del teorema di Pitagora con le formule di Erone e di Euclide.

Generalizziamo la matrice M, senza scordare le condizioni indispensabili: $m_{1,2}=m_{2,1}+m_{1,1}$ e $m_{2,2}=m_{1,1}+m_{1,2}$

$$
\begin{array}{ccc}
\underline{\quad} & m_{1,1} \quad \underline{\quad} \quad m_{1,2} & \underline{\quad} \\
& | \qquad\qquad | & \\
& m_{2,1} \qquad m_{2,2} &
\end{array}
$$

abbiamo visto che dal prodotto dei due numeri in alto si ottiene P/2 (mezzo cateto pari) e dal prodotto dei due numeri alla base si ottiene D, il cateto dispari: essendo i cateti ortogonali, base per altezza diviso due, coincide con dispari per mezzo pari, quindi A =

D * P/2, che è il prodotto delle righe, A = $(m_{1,1} * m_{1,2}) * (m_{2,1} * m_{2,2})$ ed è quindi il prodotto dei quattro elementi della Matrice. Il prodotto dei quattro elementi può anche essere visto come: prodotto delle diagonali A $= (m_{1,1}*m_{2,2})*(m_{2,1}*m_{1,2}) = (S–D)*(S–P)$ e prodotto delle colonne A $= (m_{1,1}*m_{2,1})*(m_{2,2}*m_{1,2}) = (S–I)*(S)$

Ricapitolando si ha:

$m_{1,1} * m_{1,2} * m_{2,1} * m_{2,2} = A$	area
$m_{1,1} * m_{1,2} = P/2$	mezzo cateto pari
$m_{2,1} * m_{2,2} = D$	cateto dispari
$m_{1,1} * m_{2,2} = S–D$	semiperimetro – cateto dispari
$m_{2,1} * m_{1,2} = S–P$	semiperimetro – cateto pari
$m_{1,1} * m_{2,1} = S–I$	semiperimetro – ipotenusa
$m_{1,2} * m_{2,2} = S$	semiperimetro

questa ricchezza di corrispondenze ci consente di riscoprire che, per qualsiasi triangolo rettangolo, è possibile utilizzare le formule di Erone ristrette, quelle senza radice da svolgere, visto che per trovare l'area sono sufficienti un paio di fattori: "semiperimetro meno cateto pari" per "semiperimetro meno cateto dispari" ovvero il prodotto delle due diagonali; oppure quello delle due colonne: "semiperimetro meno ipotenusa" per "semiperimetro".

Il "Semiperimetro meno ipotenusa" ($m_{1,1}* m_{2,1}$) rappresenta il valore del raggio della circonferenza inscritta; l'ipotenusa è il diametro del cerchio circoscritto.

Il "Semiperimetro meno cateto pari" ($m_{1,2}* m_{2,1}$) rappresenta altresì il valore del raggio della circonferenza exinscritta al cateto dispari.

Il "Semiperimetro meno cateto dispari" ($m_{1,1}* m_{2,2}$) rappresenta quindi il valore del raggio della circonferenza exinscritta al cateto pari.

Il "Semiperimetro" ($m_{1,2}$* $m_{2,2}$) rappresenta infine il valore del raggio della circonferenza exinscritta all'ipotenusa.

Si può approfittare dei prodotti delle colonne non solo con la sottrazione che, come abbiamo visto, è uno dei possibili meccanismi per ottenere l'ipotenusa, perché, sommandoli, ci porgono la somma dei cateti ($m_{1,2}$* $m_{2,2}$) + ($m_{1,1}$* $m_{2,1}$).

Occorre, per concludere questo capitolo, eseguire l'ultima verifica usando la seconda formula di Euclide: chiamiamo "m" ed "n" i numeri alla base, entrambi dispari, coprìmi; quelli sopra, per osservare le regole del ponte, diventano "(n−m)/2" e "(n+m)/2". Utilizzando due numeri dispari, la loro somma e/o la loro differenza, pur dimezzandola, rimane intera.

$$\frac{n-m}{2} \underline{\qquad} \frac{n+m}{2}$$

$$| \qquad\qquad |$$

$$m \qquad\qquad n$$

$$P = 2\left(\frac{n-m}{2}\right)\left(\frac{n+m}{2}\right) = \frac{n^2 - m^2}{2}$$

$$D = m\,n$$

$$I = \left(\frac{n-m}{2}\right)n + \left(\frac{n+m}{2}\right)m = \frac{n^2 + m^2}{2}$$

Combacia! Anche questa è giusta e perfetta.

Capitolo 6
Le serie sono infinite, certamente dispari

Generalizzando adesso il ponte dei numeri, partiamo con una coppia di numeri "u" e "v", coprìmi, e con "v" esclusivamente dispari.

$$\frac{u}{v} \quad \frac{u+v}{2u+v} \quad \frac{3u+2v}{4u+3v} \quad \frac{7u+5v}{10u+7v} \quad \frac{17u+12v}{24u+17v}$$

prendendo v=1 e u=0 si otterrebbe nuovamente la sequenza principale di Pell: 0,1,2,5,12 .... (OEIS A000129)

... e sotto quella tutta dispari, 1,1,3,7,17 .... (OEIS A001333)

$$\frac{0}{1} \quad \frac{1}{1} \quad \frac{2}{3} \quad \frac{5}{7} \quad \frac{12}{17}$$

Cominciamo con la verifica dell'alternanza dei determinanti, dell'uguaglianza in modulo, col segno che cambia.

Quindi, ad esempio, il determinante della prima arcata più il determinante della seconda deve essere nullo.

Det.(1°ponticello)= $u(2u+v) - v(u+v) = 2u^2 - v^2$

Det.(2°ponticello)= $(u+v)(4u+3v) - (3u+2v)(2u+v) = v^2 - 2u^2$

Infatti si vede che $v^2 - 2u^2$ è l'opposto di $2u^2 - v^2$.

31

Ed è pertanto individuabile $2u^2 - v^2$, quale determinante del terzo ponticello: $(3u+2v)(10u+7v) - (7u+5v)(4u+3v)$ =

  $(30u^2 + 14v^2 + 41uv) - (28u^2 + 15v^2 + 41uv) = 2u^2 - v^2$

Vediamo che oscilla il segno e rimane invariato il modulo, ed è così soddisfatta l'equazione di Pell. Essendo (v^2) dispari e il doppio di (u^2) per forza di cose pari, il determinante è esclusivamente dispari.

Ribadiamo i nomi: il generico cateto pari P_j, il relativo cateto dispari D_j e, infine, I_j per la loro ipotenusa.

Abbiamo già accennato al fatto che il j-esimo perimetro, somma di Tre lati, porta come lettera T_j e, per comodità, la somma dei due cateti K_j

$K_j = P_j + D_j$

$T_j = K_j + I_j$

Concentriamoci ora sul ponte generico:

$$
\begin{array}{ccccc}
\dfrac{u}{v} & \dfrac{u+v}{2u+v} & \dfrac{3u+2v}{4u+3v} & \dfrac{7u+5v}{10u+7v} & \dfrac{17u+12v}{24u+17v}
\end{array}
$$

dalla prima arcata si ricava il semiperimetro:

$S_1 = (u+v)(2u+v) = 2u^2 + v^2 + 3uv = (S_2 - I_2)$

Teniamo presente che il primo semiperimetro S_1 colonna di destra della porzione del ponte in esame diventa, immediatamente, la colonna di sinistra dell'arcata seguente e quindi $S_1 = (S_2 - l_2)$.

Generalizzando: $S_j = (S_{j+1} - l_{j+1})$.

Dalla seconda arcata otteniamo analogamente:

$S_2 = (3u+2v)(4u+3v) = 12u^2 + 6v^2 + 17uv = (S_3 - l_3)$

Dato che $uv = (S_1 - l_1)$ abbiamo come prima ipotenusa:

$\qquad l_1 = S_1 - (S_1 - l_1) = 2u^2 + v^2 + 3uv - uv = 2u^2 + v^2 + 2uv$

La seconda ipotenusa è

$\qquad l_2 = S_2 - (S_2 - l_2) = 12u^2 + 6v^2 + 17uv - 2u^2 - v^2 - 3uv$

$\qquad\qquad = 10u^2 + 5v^2 + 14uv$

Esse differiscono di: $(l_2 - l_1) = 10u^2 + 5v^2 + 14uv - (2u^2 + v^2 + 2uv)$

$(l_2 - l_1) = 8u^2 + 4v^2 + 12uv = 4(2u^2 + v^2 + 3uv) = 4S_1 = 2T_1$

E ciò dimostra che le due ipotenuse differiscono del quadruplo del semiperimetro e quindi del doppio del perimetro.

$l_{j+1} = l_j + 2T_j$

Vediamo il legame tra i perimetri: $T_2 = 2(S_2)$

$T_2 = 2(12u^2 + 6v^2 + 17uv) = 24u^2 + 12v^2 + 34uv$

Coincide col quintuplo del perimetro T_1 più il doppio dell'ipotenusa l_1.

$5(4u^2 + 2v^2 + 6uv) + 2(2u^2 + v^2 + 2uv) = 24u^2 + 12v^2 + 34uv$

$T_{j+1} = 2l_j + 5T_j$

Ricaviamo la sommacateti K_{j+1} sottraendo l'ipotenusa al perimetro

$K_{j+1} = T_{j+1} - l_{j+1} = 2l_j + 5T_j - (l_j + 2T_j) = l_j + 3T_j$

Questa formula è in sintonia con i numeri alla base del ponte principale.

Prima di addentrarci conviene riprendere il ponte principale, quello avente in alto la sequenza di Pell e in basso l'appropriata serie tutta dispari, e scriverlo procedendo non solo verso destra (numeri interi, positivi) ma anche nell'altro senso:

5	−2	1	0	1	2	5	12
—	—	—	—	—	—	—	—
|	|	|	|	|	|	|	|
−7	3	−1	1	1	3	7	17

Prendendoli così come sono, cambia solo il segno per i cateti, entrambi negativi. Pitagora va sempre bene essendo positivo il quadrato di un numero negativo.

5	−2
—	
|	|
−7	3

Cateto pari = −20 e cateto dispari = −21

Ipotenusa: $5*3 + (−7)*(−2) = 15+14 = 29$

$(−20)^2 + (−21)^2 = 29^2$ $400+441=841$

Visti in modulo, i triangoli di questo ponte sono gli stessi sia a destra che a sinistra.

Ora analizziamo i numeri di Pell come propellente per le terne più grandi andando verso destra e poi vediamo cosa accade cambiando la direzione, verso sinistra. Per comodità scriviamo la serie in verticale.

Preventiviamo le ipotenuse

169	$I_{-3} = 169\,I_0 - 70\,T_0$	
−70		
29	$I_{-2} = 29\,I_0 - 12\,T_0$	L'ipotenusa diminuisce
−12		
5	$I_{-1} = 5\,I_0 - 2\,T_0$	
−2		
1	$I_0 = 1\,I_0 + 0\,T_0$	L'ipotenusa è immutata
0		
1	$I_1 = 1\,I_0 + 2T_0$	
2		
5	$I_2 = 5\,I_0 + 12T_0$	
12		L'ipotenusa aumenta
29	$I_3 = 29\,I_0 + 70\,T_0$	
70		
169	$I_4 = 169\,I_0 + 408\,T_0$	
408		

Verifichiamo per esempio che $I_{-2} = (I_{-3} + I_{-1})/6$

$29\,I_0 - 12\,T_0 = (169\,I_0 - 70\,T_0 + 5\,I_0 - 2\,T_0)/6 =$

$= (174\ I_0 - 72\ T_0)/6 = 29\ I_0 - 12\ T_0$

Anche questi conteggi confermano quanto detto in precedenza.

Estrapoliamo adesso i perimetri

−70	$T_{-3} = -70\ I_0 + 29\ T_0$	
29		
−12	$T_{-2} = -12\ I_0 + 5\ T_0$	Il perimetro diminuisce
5		
−2	$T_{-1} = -2\ I_0 + 1\ T_0$	
1		
0	$T_0 = 0\ I_0 + 1\ T_0$	Il perimetro è immutato
1		
2	$T_1 = 2\ I_0 + 5\ T_0$	
5		
12	$T_2 = 12\ I_0 + 29\ T_0$	
29		
70	$T_3 = 70\ I_0 + 169\ T_0$	Il perimetro aumenta
169		
408	$T_4 = 408\ I_0 + 985\ T_0$	
985		

Guardiamo anche come viaggiano le somme dei cateti

-239 99	$K_{-3} = -239\,I_0 + 99\,T_0$	
-41 17	$K_{-2} = -41\,I_0 + 17\,T_0$	La sommacateti diminuisce
-7 3	$K_{-1} = -7\,I_0 + 3\,T_0$	
-1 1	$K_0 = -1\,I_0 + 1\,T_0$	La sommacateti è immutata
1 3	$K_1 = 1\,I_0 + 3T_0$	
7 17	$K_2 = 7\,I_0 + 17T_0$	La sommacateti aumenta
41 99	$K_3 = 41\,I_0 + 99\,T_0$	

Prendiamo ora un paio di terne Pitagoriche: una avente dei numeri di medio calibro e un'altra un po' più piccola, ad esempio, nel primo caso   (D_0'=31855, P_0'=31752, I_0'=44977) avente determinante 103 (103 = 31855 − 31752), somma dei cateti K_0'=63607, perimetro T_0'=108584 e, nel secondo caso, (D_0''=351, P_0''=280, I_0''=449) avente determinante 71, sommacateti K_0''=631 e perimetro T_0''=1080.

In entrambi i casi salire è facile:

I_1'= (1*44977 + 2*108584) = 262145

T_1'= (2*44977 + 5*108584) = 632874

$K_1' = (1*44977 + 3*108584) = 370729$

$D_1' = (370729 - 103)/2 = 185313$

$P_1' = (370729 + 103)/2 = 185416$

$I_1'' = (1*449 + 2*1080) = 2160+449 = 2609$

$T_1'' = (2*449 + 5*1080) = 898+5400 = 6298$

$K_1'' = (1*449 + 3*1080) = 449+3240 = 3689$

$D_1'' = (3689 - 71)/2 = 3618/2 = 1809$

$P_1'' = (3689 + 71)/2 = 3760/2 = 1880$

Per svolgere i conti analoghi utilizzando il ponte, calcoliamo, per il primo caso in esame, le quattro radici quadrate necessarie.

Il numero da porre in alto a sinistra è dato dalla radice dello scarto medio tra ipotenusa e cateto dispari:

$$\sqrt{\frac{44977 - 31855}{2}} = \sqrt{6561} = 81$$

Il numero da inserire in alto a destra è la radice della media aritmetica del cateto dispari e l'ipotenusa:

$$\sqrt{\frac{44977 + 31855}{2}} = \sqrt{38416} = 196$$

Il numero da mettere in basso a sinistra è la radice della differenza tra l'ipotenusa e il cateto pari:

$$\sqrt{44977 - 31752} = \sqrt{13225} = 115$$

Infine, il numero da collocare in basso a destra, è la radice della somma tra cateto pari e ipotenusa:

$$\sqrt{44977 + 31752} = \sqrt{76729} = 277$$

Verifica: 196=81+115 e 277=196+81

2*196*81= 31752 e 277*115= 31855

Con i numeri ottenuti, oltre alla matrice di partenza due per due, si può procedere, andando verso destra e anche a ritroso:

8	13	34	**81**	**196**	473
5	21	47	**115**	**277**	669

L'altra matrice può essere ottenuta intuitivamente.

Il cateto dispari, 351, è $13*3^3$ e quindi sono due le possibili combinazioni: 1*351 oppure 13*27; le coppie 3*117 e 9*39 non sono da considerare perché creerebbero terne non primitive.

Si scorge subito che la soluzione è 13*27; la media aritmetica è 20 e il suo scarto è 7; il doppio del loro prodotto (140) è il cateto pari in esame.

6	**7**	**20**	47
1	**13**	**27**	67

Cominciamo ora a retrocedere dai grandi numeri del triangolo $(D_0'\ P_0'\ I_0')$: $D_0'=31855$, $P_0'=31752$, $I_0'=44977$, $K_0'=63607$, $T_0'=108584$

Applichiamo le formule per retrocedere le ipotenuse:

$I_{-1}' = 5\ I_0' - 2\ T_0' = 5*44977 - 2*108584 = 7717$

$I_{-2}' = 29\ I_0' - 12\ T_0' = 29*44977 - 12*108584 = 1325$

$I_{-3}' = 169\ I_0' - 70\ T_0' = 169*44977 - 70*108584 = 233$

Quelle per ridurre i perimetri:

$T_{-1}' = 1\,T_0' - 2\,l_0' = 108584 - 2*44977 = 18630$

$T_{-2}' = 5\,T_0' - 12\,l_0' = 5*108584 - 12*44977 = 3196$

$T_{-3}' = 29\,T_0' - 70\,l_0' = 29*108584 - 70*44977 = 546$

E anche quelle per ottenere le corrispondenti somme dei cateti:

$K_{-1}' = 3\,T_0' - 7\,l_0' = 3*108584 - 7*44977 = 10913$

$K_{-2}' = 17\,T_0' - 41\,l_0' = 17*108584 - 41*44977 = 1871$

$K_{-3}' = 99\,T_0' - 239\,l_0' = 99*108584 - 239*44977 = 313$

Verifichiamo che quest'ultima sommacateti, 313, sia giusta. Come già detto il determinante è 103 e quindi abbiamo:

(313+103)/2=208 che è il doppio di 8*13, quindi OK!

(313−103)/2=105 che corrisponde a 5*21, ed è giusto così.

Con questa retrocessione di tre livelli del triangolo (D_0', P_0', l_0'), nulla di strano è apparso. Almeno per ora ...

Passiamo ad analizzare le retrocessioni della terna (D_0'', P_0'', l_0''):

$D_0''=351$, $P_0''=280$, $l_0''=449$, $K_0''=631$, $T_0''=1080$

Applichiamo le formule per retrocedere le ipotenuse:

$l_{-1}'' = 5\,l_0'' - 2\,T_0'' = 5*449 - 2*1080 = 85$

$l_{-2}'' = 29\,l_0'' - 12\,T_0'' = 29*449 - 12*1080 = 61$

$l_{-3}'' = 169\,l_0'' - 70\,T_0'' = 169*449 - 70*1080 = 281$

Quelle per ridurre i perimetri:

$T_{-1}'' = 1\,T_0'' - 2\,l_0'' = 1080 - 2*449 = 182$

$T_{-2}'' = 5\,T_0'' - 12\,l_0'' = 5*1080 - 12*449 = 12$

$T_{-3}'' = 29\, T_0'' - 70\, I_0'' = 29*1080 - 70*449 = -110$

E anche quelle per ottenere le corrispondenti somme dei cateti:

$K_{-1}'' = 3\, T_0'' - 7\, I_0'' = 3*108584 - 7*44977 = 97$

$K_{-2}'' = 17\, T_0'' - 41\, I_0'' = 17*108584 - 41*44977 = -49$

$K_{-3}'' = 99\, T_0'' - 239\, I_0'' = 99*108584 - 239*44977 = -393$

16	-5	6	7	20	47
I	I	I	I	I	I
-21	11	1	13	27	67

Analizziamo il $(T_{-3}'' = -110,\ K_{-3}'' = -393,\ I_{-3}'' = +281)$.

Lasciamolo così com'è e recuperiamo i cateti (il determinante 176 meno 105 è positivo, +71, e pertanto il cateto pari è maggiore del dispari).

$P_{-3}'' = (-393+71)/2 = -160$, che è il doppio di $-5*16$.

$D_{-3}'' = (-393-71)/2 = -231$ coincide con $-21*11$.

È un po' strano vedere cateti con davanti il segno meno!

Per Pitagora non ci sono problemi dato che:

$(-160)^2 + (-231)^2 = 281^2$

Ma sarebbe macchinoso calcolare i perimetri, usando i moduli.

Allora è meglio invertire la rotta

16	−5		5	16
I	I	→	I	I
−21	11		11	21

e creare un ponte parallelo avente in modulo, in ogni arcata, sempre lo stesso determinante, senza incappare nel segno meno:

$$
\begin{array}{cccccc}
6 & 7 & 20 & 47 & 114 & 275 \\
| & | & | & | & | & | \\
1 & 13 & 27 & 67 & 161 & 389
\end{array}
$$

$$
\begin{array}{cc}
-5 & 6 \\
| & | \\
11 & 1
\end{array}
$$

$$
\begin{array}{cccccc}
5 & 16 & 37 & 90 & 217 & 524 \\
| & | & | & | & | & | \\
11 & 21 & 53 & 127 & 307 & 741
\end{array}
$$

Sia il ponte che incomincia con la coppia 1,6 sia quello che parte con la coppia 11,5 generano sequenze di terne Pitagoriche aventi ±71 come determinante.

Verifichiamole:

$$
\begin{array}{cc}
6 & 7 \\
| & | \\
1 & 13
\end{array}
$$

cateto pari è il doppio dei numeri in alto	84
Per l'ipotenusa aggiungo 1^2 e ottengo	85
Il cateto dispari è il prodotto alla base	13

$$
\begin{array}{cc}
5 & 16 \\
| & | \\
11 & 21
\end{array}
$$

Il cateto pari è il 2*5*16	160
Per l'ipotenusa addiziono 11^2 e ottengo	281
Il cateto dispari che si ottiene, 11*21, è	231

7	20	Il cateto pari è 2*20*7	280
		Per l'ipotenusa aggiungo 13^2 e ottengo	449
13	27	Il cateto dispari si ricava con 13*27 è	351
16	37	Il cateto pari è il 2*37*16	1184
		Per l'ipotenusa sommo 21^2 e ricavo	1625
21	53	Il cateto dispari 21*53 diventa	1113
20	47	Il cateto pari è 2*20*47	1880
		Per l'ipotenusa sommo 27^2 che ci dà	2609
27	67	Il cateto dispari 27*67 risulta essere	1809
37	90	Il cateto pari è il 2*37*90	6660
		Per l'ipotenusa aggiungo 53^2 e ottengo	9469
53	127	Poi tolgo $2*37^2$ e ricavo il cateto dispari	6731
47	114	Il cateto pari è 2*47*114	10716
		Per l'ipotenusa aggiungo 67^2 e ho	15205
67	161	Facendo 67*161 si ottiene	10787
90	217	Il cateto pari è il 2*37*16	39060
		Per l'ipotenusa sommo 127^2 e ricavo	55189
127	307	127*307 e il cateto dispari diventa	38989

Abbiamo pertanto due ponti di numeri paralleli, aventi il medesimo determinante.

Andiamo a sviscerare le caratteristiche di quella matrice particolare e vedremo che rappresenta il seme dal quale nascono i due ponti paralleli.

$$
\begin{array}{cc}
-5 & 6 \\
| & | \\
11 & 1
\end{array}
\qquad 11+(-5) = 6 \quad \text{e} \quad -5+6 = 1
$$

Il cateto pari è −60, quello dispari 11; L'ipotenusa, applicando alla lettera qualsiasi formula, 61.

L'analoga terna pitagorica 11,60,61 è associabile alla seguente matrice:

$$
\begin{array}{cc}
5 & 6 \\
| & | \\
1 & 11
\end{array}
\qquad 1+5 = 6 \quad \text{e} \quad 5+6 = 11
$$

La somma dei cateti, 11+60=71, con determinante 49, cioè 60−11, invertendo i numeri alla base e attribuendo, per rispettar le regole, il segno meno al numero in alto a sinistra, genera il nuovo determinante 71, con la somma dei cateti, essendo uno positivo e l'altro negativo, uguale a 49.

Questo scambio di posto col ribaltamento di un segno coincide con il già conosciuto "albero dei numeri".[10]

---

10   Classroom Nota 232. Genealogia di Pitagora triadi *La Mathematical Gazette* vol 54 (1970), pagine 377-379; L'albero genealogico di triplette di Pitagora rivisitato R. Saunders, T. Randall *Mathematical Gazette* vol 78 (1994), pagine 190-193; L'albero genealogico di Pitagora triple AR Kanga *IMA Bollettino* vol 26 (1990), pagine 15-27. 78,12; e altre ancora ...

Rimangono un paio di concetti da sistemare per dimostrare quanto il titolo del presente capitolo sia calzante: primo, il legame tra i due ponti paralleli e, secondo, il percorso per giungere al ponte principale, quello che in alto ha la sequenza di Pell: 0,1,2,5,12,29,70...

Prendiamo per comodità le sequenze delle rispettive ipotenuse:

85, 449, 2609, 15205

281, 1625, 9469, 55189

La sequenza che incomincia con 85 ci conferma che 449 è un sesto di (85+2609) e a sua volta 2609 è un sesto di (449+15205).

L'altra rispetta anch'essa le regole, dato che 1625=(281+9469)/6 e 9469 è un sesto di (1625+55189).

Il legame c'è perché un sesto di (85+281) è 61.

Il numero 61 è ricavabile da entrambe le matrici, con qualsiasi calcolo

$$\begin{matrix} -5 & 6 \\ | & | \\ 11 & 1 \end{matrix} \qquad \begin{matrix} 5 & 6 \\ | & | \\ 1 & 11 \end{matrix}$$

conosciuto per ottenere un'ipotenusa; ad esempio, la somma delle diagonali fornisce 61 dato che: −5+66=61 e 55+6=61.

Quello che cambia è il determinante: −5−66=−71 e 55−6=49.

Il determinante ±71 viene generato dal determinante 49.

Il determinante 49 non serve soltanto per produrre queste nuove sequenze con determinante ±71; mantiene anche una parte di sé, lasciando una traccia nei suoi "figli".

Ad esempio la differenza tra 281 e 85 è =196, che è il quadruplo di 49; poi abbiamo gli altri multipli di 49: (1625 − 449)/49 =24 e (9469 − 2609)/49 =140 e (55189 − 15205)/49 =816

0 , 4 , 24 , 140 , 816 , 4756 , 27720 , ...

è una sequenza catalogata col codice OEIS A005319[11].

Livello	ipotenusa	ipotenusa	differenza	|det.g|	A005319
0	61	61	0	49	0
1	85	281	196	49	4
2	449	1625	1176	49	24
3	2609	9469	6860	49	140
4	15205	55189	39984	49	816
5	88621	321665	233044	49	4756

Dove |det.g| è, in modulo, il determinante generatore.

Il livello 0 è dato dal triangolo di partenza, quello mutato; nelle due colonne "ipotenusa" susseguono i valori delle ipotenuse delle sequenze parallele con il nuovo determinante.

La serie delle differenze (differenza di numeri al medesimo livello) coincide col prodotto del determinante generatore per la sequenza A005319.

Infatti esse sono: 0=0*49, 196=4*49 e 1176=24*49 poi 6860=140*49, 39984=816*49 e 233044=4756*49.

C'è un legame tra la sequenza A005319 e la serie di Pell?

La risposta è sì!

È sufficiente prendere le colonne del ponte principale, svolgere i prodotti e poi moltiplicarli ulteriormente per 4.

---

11   OEIS A005319, Sequenza di numeri, nome precedente M3599

0	—	2	—	12	—	70
0	1	2	5	12	29	70
|	|	|	|	|	|	|
1	1	3	7	17	41	99
↓	↓	↓	↓	↓	↓	↓
0	1	2	5	12	29	70
*	*	*	*	*	*	*
1	1	3	7	17	41	99
=	=	=	=	=	=	=
0	1	6	35	204	1189	6930

Anche questa serie di numeri 0, 1, 6, 35, 204, 1189, 6930, 40391 … è già codificata IOES "A001109[12]" e il quadruplo, quello che ci serve, 0, 4, 24, 140, 816, 4756, 27720 … con il già citato A005319.

Dobbiamo fare ora un'analisi accurata anche della sommacateti e poi dei perimetri. Per quanto riguarda la sommacateti, notiamo subito che cambia il fattore moltiplicativo e la serie che si abbina:

Livello	Σ cateti	Σ cateti	Delta	|det.g|	quoziente
0	−49	49	98	49	2
1	97	391	294	49	6
2	631	2297	1666	49	34
3	3689	13391	9702	49	198
4	21503	78049	56546	49	1154

---

12   OEIS A001109: a_n^2 è un numero triangolare
      $a_n = 6\,a_{n-1} - a_{n-2}$ con un $a_n = 0$ e $a_1 = 1$. (precedentemente M4217 N1760)

2, 6, 34, 198, 1154, ... serie catalogata col codice OEIS A003499[13] coincide con il doppio di una parte dei numeri alla base del ponte principale, ovvero il doppio di 1, 3, 17, 99, 577, ...

La serie 1, 3, 17, 99, 577, 3363, ... inizia con la coppia più piccola di numeri dispari 1 e 3; prosegue calcolando il sestuplo del citeriore meno l'ulteriore (6*3–1=17 poi 17*6–3=99 poi 99*6–17=577, eccetera): essa è riconosciuta con codice OEIS A001541[14].

1	,	3	,	17	,	99	,	577	,	3363
↓		↓		↓		↓		↓		↓
2	,	6	,	34	,	198	,	1154	,	6726

Ricapitoliamo.

Serie A005319 (va bene per le ipotenuse)	serie A003499 (va bene per le sommecateti)	serie A075870 (va bene per i perimetri)
0	2	2
4	6	10
24	34	58
140	198	338
816	1154	1970
4756	6726	11482

Dato che sappiamo che la serie differenze delle ipotenuse è la sequenza A005319 per il determinante generatore, che la

---

13   OEIS A003499: nome precedente M1701

14   OEIS A001541: nome precedente: M3037 N1231

sequenza delle differenze tra le somme dei cateti è la serie A003499 per il determinante generatore, non ci rimane altro che dedurre che le differenze tra i perimetri combaceranno con la somma di queste due serie per il determinante generatore.

La serie 2,10,58,338 … che va bene per i perimetri, ed esiste già per altri motivi, è catalogata A075870. La serie A075870[15] non è altro che il doppio dei numeri dispari della sequenza di Pell (o, se si preferisce, la serie delle differenza dei numeri pari di Pell).

0	,	1	,	2	,	5	,	12	,	29	,	70	,	169	,	408
				2				10				58				338

Insomma, in un modo o nell'altro, tutte le serie citate, gravitano attorno alla sequenza di Pell.

Facciamo una verifica concreta dell'attendibilità delle previsioni dei numeri prendendo ad esempio la terna pitagorica (8,15,17), sommacateti 23, determinante −7, ovvero, quale documento d'identità, la matrice:

$$
\begin{array}{cc}
1 & 4 \\
| & | \\
3 & 5
\end{array}
$$

Eseguiamo le opportune permutazioni per generare una nuova coppia di sequenze di triangoli interi. Mettiamo il segno meno davanti al numero in alto a sinistra e invertiamo quelli alla base; poi prendiamo i valori in modulo delle due nuove colonne e creiamo i nuovi ponti, entrambi col modulo del determinante uguale 23, numero prevedibile dalla sommacateti generatrice.

---

15   OEIS A075870: $2n^2 - 4$ è un quadrato

	1	6	13	32	77	186
	—	—	—	—	—	—
	|	|	|	|	|	|
−1 4	5	7	19	45	109	263

$$\begin{array}{cc} -1 & 4 \\ | & | \\ 5 & 3 \end{array}$$

	4	7	18	43	104	251
	—	—	—	—	—	—
	|	|	|	|	|	|
	3	11	25	61	147	355

Ricordiamoci che è arbitrario decidere se invertire i numeri alla base cambiando il segno in alto a sinistra oppure ponendo il segno meno in basso a sinistra e rovesciando i numeri in alto dato che i risultati non muterebbero in sostanza, ovvero:

	4	7	18	43	104	251
	—	—	—	—	—	—
	|	|	|	|	|	|
4 1	3	11	25	61	147	355

$$\begin{array}{cc} 4 & 1 \\ | & | \\ -3 & 5 \end{array}$$

	1	6	13	32	77	186
	—	—	—	—	—	—
	|	|	|	|	|	|
	5	7	19	45	109	263

Cambierebbe il segno del determinante ma non il modulo:

4*5 − (−3*1) = +23   e   (−1*3) − 4*5 = −23

Le sequenze previsionali che abbiamo ottenuto,

Serie A005319 (che va bene per le ipotenuse)	serie A003499 (che va bene per le sommecateti)	serie A075870 (che va bene per i perimetri)
0	2	2
4	6	10
24	34	58
140	198	338
816	1154	1970
4756	6726	11482

le moltiplichiamo per il modulo del determinante generatore, 7, e verifichiamo che ci sia una precisa corrispondenza.

Moltiplico per 7 la serie A005319 (e verifico che combaci con la differenza tra le ipotenuse)	Moltiplico per 7 la serie A003499 (e verifico che combaci con la differenza tra le somme dei cateti)	Moltiplico per 7 la serie A075870 (e verifico che combaci con la differenza tra i perimetri)
0	14	14
28	42	70
168	238	406
980	1386	2366
5712	8078	13790
33292	47082	80374

Guardiamo i numeri al primo livello:

4	7	Il cateto pari è il doppio dei numeri in alto	56
		Per l'ipotenusa aggiungo 3^2 e ottengo	65
3	11	Il cateto dispari è il prodotto alla base	33
		Quindi il perimetro è	154
		E la somma cateti	89

1	6	Il cateto pari è il 2*1*6	12
		Per l'ipotenusa addiziono 5^2 e ottengo	37
5	7	Il cateto dispari che si ottiene, 5*7, è	35
		Pertanto il perimetro è	84
		E la somma cateti	47

Le ipotenuse dovrebbero differire di 28 unità, le sommacateti di 42 e i perimetri di 70; verifichiamo:

$65 - 37 = 28$ poi $89 - 47 = 42$ e infine $154 - 84 = 70$

Al primo livello c'è la conferma della regola.

È inutile farli tutti: saltiamo al quarto livello dove le ipotenuse dovrebbero differire di 5712 unità, le sommacateti di 8078 e i perimetri di 13790;

43	104	Il cateto pari è 2*43*104	8944
		Per l'ipotenusa aggiungo 61^2 e ho	12665
61	147	Facendo 61*147 si ottiene	8967
		Quindi il perimetro è	30576
		E la somma cateti	17911

32	77	Il cateto pari è il 2*32*77	4928
|	|	Per l'ipotenusa sommo 45^2 e ricavo	6953
45	109	A cui tolgo $2*32^2$ per avere il dispari	4905
		il perimetro è 2*77*109	16786
		E la somma cateti	9833

Calcoliamo di quanto differiscono le ipotenuse:

12665 – 6953 = 5712 ed era stato preventivato 5712.

Ricaviamo la differenza delle somme dei cateti:

17911 – 9833 = 8078 ed era stato previsto 8078.

Verifichiamo anche la differenza tra i perimetri:

30576 – 16786 = 13790 ed era stato individuato 13790.

Quello che abbiamo validato adesso non è poi così importante: serve per confermare, per cementare, per irrobustire i conteggi svolti e anche per convincerci che non è poi così complicato ed è quasi paragonabile a un gioco.

Abbiamo sviscerato i vari modi per generare delle nuove terne derivandole o, potremmo dire, facendole nascere dai loro genitori.

L'unica cosa da chiarire è il livello "zero" che ci dice che le ipotenuse non differiscono mentre differiscono di 14 sommacateti e perimetri. Questi numeri 0 e 14 hanno a che fare con l'arbitrarietà della mutazione della matrice generatrice.

Vi ricordo infatti	1	4	
che la matrice generatrice	|	|	forniva due
	3	5	possibili mutazioni:

−1	4	Meno in alto	1	4	Scambio in alto	4	1
|	|	← ← ←	|	|	→ → →	|	|
5	3	Inverto base	3	5	Meno in basso	−3	5

	−1	4		4	1
Sia dalla matrice	|	|	sia dalla matrice	|	|
	5	3		−3	5

si ottiene come ipotenusa il numero 17.

Nel primo caso, usando la matrice a sinistra, avremmo come cateto dispari 15 e come pari −8 (quindi 7 come somma), mentre nel secondo caso, quella a destra, +8 come pari e −15 come dispari (quindi −7 come somma); ordunque, è tutto formale, la differenza tra le somme dei cateti non può altro che essere 7−(−7) ovvero 14.

Ed è così anche per i perimetri. Questi conti, apparentemente inutili, fastidiosi se quello che c'interessa è il modulo di ciascun lato, tornano però indispensabili per sorreggere le sequenze.

Ci permettono, volendo, di procedere anche col segno meno.

Dopo aver visto come si propagano le terne Pitagoriche, è giunto il momento di fare il percorso contrario, ovvero, una volta individuata una qualsiasi terna pitagorica, e l'arcata del ponte corrispondente, di risalire la china per cercare di tornare verso il ponte principale, quello avente in alto la serie di Pell e alla base quella tutta dispari di Pell.

Abbiamo già visto che la coppia di serie con determinante ±71 risulta generata dalla serie ±49.

La serie "±49", sviluppata, risulta essere:

$$\begin{array}{cccccc}
\underline{5} & \underline{6} & \underline{17} & \underline{40} & \underline{97} & \underline{234} \\
| & | & | & | & | & | \\
1 & 11 & 23 & 57 & 137 & 331
\end{array}$$

$$\begin{array}{|cc|}
\hline
-4 & 5 \\
\multicolumn{2}{|c|}{-} \\
| & | \\
9 & 1 \\
\hline
\end{array}$$

$$\begin{array}{cccccc}
\underline{4} & \underline{13} & \underline{30} & \underline{73} & \underline{176} & \underline{425} \\
| & | & | & | & | & | \\
9 & 17 & 43 & 103 & 249 & 601
\end{array}$$

La coppia di serie con determinante ±49 risulta generata dalla permutazione della serie con determinante ±31

$$\begin{array}{cc}
4 & 5 \\
- & \\
| & | \\
1 & 9
\end{array}
\quad \text{Det= 31} \quad \rightarrow\rightarrow\rightarrow \quad
\begin{array}{cc}
-4 & 5 \\
 & - \\
| & | \\
9 & 1
\end{array}
\quad |\text{Det}| = 49$$

La serie "±31", sviluppata, risulta essere:

$$\begin{array}{cccccc}
\underline{4} & \underline{5} & \underline{14} & \underline{33} & \underline{80} & \underline{193} \\
| & | & | & | & | & | \\
1 & 9 & 19 & 47 & 113 & 273
\end{array}$$

$$\begin{array}{|cc|}
\hline
-3 & 4 \\
\multicolumn{2}{|c|}{-} \\
| & | \\
7 & 1 \\
\hline
\end{array}$$

$$\begin{array}{cccccc}
\underline{3} & \underline{10} & \underline{23} & \underline{56} & \underline{135} & \underline{326} \\
| & | & | & | & | & | \\
7 & 13 & 33 & 79 & 191 & 461
\end{array}$$

La coppia di serie con determinante ±31 risulta generata dalla permutazione della serie con determinante ±17

```
3    4                permutazione  −3    4
_                                         _
|    |   Det= 17      →→→        |     |   |Det|= 31
1    7                           7     1
```

La serie "±17", sviluppata, risulta essere:

```
              _3    _4   _11   _26   _63   _152
               |     |     |     |     |     |
 _2    3       1     7    15    37    89    215
  _
  |    |
  5    1
               _2    _7   _16   _39   _94   _227
                |     |     |     |     |     |
               5     9    23    55    133   321
```

La coppia di serie con determinante ±17 risulta generata dalla permutazione della serie con determinante ±7

```
2    3                permutazione  −2    3
_                                         _
|    |   Det= 7       →→→        |     |   |Det|= 17
1    5                           5     1
```

La serie "±7", sviluppata, risulta essere:

$$\begin{array}{c} -1 \quad 2 \\ | \quad | \\ 3 \quad 1 \end{array}$$

	2	3	8	19	46	111
—	—	—	—	—	—	—
	1	5	11	27	65	157

	1	4	9	22	53	128
—	—	—	—	—	—	—
	3	5	13	31	75	181

La coppia di serie con determinante ±7 risulta generata dalla permutazione della serie con determinante ±1

$$\begin{array}{c} 1 \quad 2 \\ | \quad | \quad \text{Det}=1 \\ 1 \quad 3 \end{array} \quad \rightarrow\rightarrow\rightarrow \quad \begin{array}{c} -1 \quad 2 \\ | \quad | \quad |\text{Det}|=7 \\ 3 \quad 1 \end{array}$$

La serie "±1", sviluppata, risulta essere:

$$\begin{array}{c} 0 \quad 1 \\ | \quad | \\ 1 \quad 1 \end{array}$$

	1	2	5	12	29	70
—	—	—	—	—	—	—
	1	3	7	17	41	99

	0	1	2	5	12	29
—	—	—	—	—	—	—
	1	1	3	7	17	41

Questa è l'unica serie che può contenere uno zero.

Essa possiede un triangolo "piatto": P=0, D=1 e I=1.

È di difficile comprensione, ma si può abbinare alla formula "$sen^2\varphi + cos^2\varphi = 1$"; infatti escludendo gli angoli acuti e quelli ottusi, soffermandoci sull'angolo giro o l'angolo piatto, si ha 0+1=1 e, analogamente, per gli angoli retti, 1+0=1.

La sequenza di terne con determinante =±1 è unica. Lo si vede anche a occhio nudo guardando la precedente tabella che mostra gli stessi numeri pur essendo diverso il punto di partenza.

È dimostrabile l'univocità anche grazie alle serie OEIS A005319, A003499, A075870.

Prima di incominciare questa verifica, conviene generare le matrici prendendo la più piccola coppia di numeri, 0 e 1, per poi eseguire le permutazioni

1	0	**Vado a sinistra**	0	**Vado a destra**	0	1
		← ← ←		→ → →		
−1	1		**1**		1	1

A sinistra ottengo un triangolo "piatto": P=0, D=−1 e I=1 con sommacateti negativa e perimetro nullo; determinante =+1.

A destra ricavo un triangolo "piatto": P=0, D=1 e I=1 con sommacateti 1, perimetro 2 e determinante =−1

Prendo le matrici ed effettuo le possibili permutazioni.

−1	0	Meno in alto	1	0	Scambio in alto	0	1
		← ← ←			→ → →		
1	−1	Inverto base	−1	1	Meno in basso	1	1

Non cambia a sinistra (0,−1,1) mentre a destra ritorna (0,1,1).

Nell'altro caso

−0	1	Meno in alto	0	1	Scambio in alto	1	0
|	|	← ← ←	|	|	→ → →	|	|
1	1	Inverto base	1	1	Meno in basso	−1	1

ottengo anche qui una variazione, a destra, da (0,1,1) a (0,−1,1); mentre a sinistra rimane tutto come prima con (0,1,1).

Il determinante in modulo non cambia e neppure il modulo dei lati subisce variazioni.

Anziché cominciare con la terna 3,4,5 mettiamo all'inizio delle sequenze questi due "triangoli piatti"

c. pari	c. dispari	ipotenusa[16]	sommacateti[17]	perimetro[18]
0	−1	**1**	−1	0
0	1	**1**	1	2
4	3	**5**	7	12
20	21	**29**	41	70
120	119	**169**	239	408
696	697	**985**	1393	2378
4060	4059	**5741**	8119	13860

Così facendo risultano soddisfatte sia le sequenze, sia le terne primitive con determinante unitario.

---

16   OEIS A001653 Numeri per i quali la $\sqrt{(2n^2 - 1)}$ è intera

17   OEIS A002315 Numeri per i quali $(n^2 + 1)/2$ è un quadrato

18   OEIS A001542 Numeri per i quali la $\sqrt{(2n^2 + 1)}$ è intera

Per le serie "ipotenusa", "sommacateti", "perimetro", il numero successivo è ricavabile sestuplicando il numero citeriore e sottraendo l'ulteriore: $n_{j+1} = 6n_j - n_{j-1}$ E tra l'altro si ha:

Serie A005319	serie A003499	serie A075870
(che coincide con le differenze tra le ipotenuse)	(che coincide con le differenze tra le sommecateti)	(che coincide con le differenze tra i perimetri)
0 =1–1	2 =1–(–1)	2 =2–0
4 =5–1	6 =7–1	10 =12–2
24 =29–5	34 =41–7	58 =70–12
140 =169–29	198 =239–41	338 =408–70
816 =985–169	1154 =1393–239	1970 =2378–408

Infatti la serie delle ipotenuse, partendo con "1,1", ci dà poi l'atteso 5 perché 5=6*1–1; le differenze tra le ipotenuse sono quindi 1–1=0, poi 5–1=4, poi 29–5=24 e 169–29=140: tutto come previsto dalla serie A005319.

Per le sommecateti, avendo al nastro di partenza "–1,1", abbiamo il desiderato 7 perché 7=6*1–(–1) e poi 41=6*7–1; le differenze 2,6,34,198 coincidono con la sequenza A003499.

Ancor più facile notare la consistenza della coppia di partenza "0,2" per la sequenza dei perimetri dato che 12=6*2–0, poi 70=12*6–2, e così via. Questa serie di numeri ha come differenza la sequenza OEIS A075870.

La sequenza di terne pitagoriche con |det.|=1 è unica perché con le differenze previste si arriva alla terna successiva, e non ce n'è mai alcuna intermedia. Pertanto, essendo doppie tutte le infinite serie con il modulo del determinante >1, il doppio di infinito più uno non può che essere "disparinfinito".

Capitolo 7
I supernumeri

Ma quali sono i numeri che soddisfano le regole del ponte? Risposta facile: quelli di Pell.

Qualora i triangoli siano primitivi, un cateto pari e l'altro dispari, sia la loro somma sia la loro differenza può solamente essere dispari.

Dal triangolo "piatto" P=0, D=1 e I=1, non ci si muove: sia la somma sia la differenza dei cateti, rimanendo 1, non dà la possibilità di trovare altre terne.

Partendo col triangolo non piatto più piccolo che c'è, P=4, D=3 e I=5, abbiamo la somma dei cateti uguale 7 (la differenza dei cateti è 1), che ci dà la possibilità di trovare altre terne aventi ±7 come determinante:

P=12, D=5, I=13 (det=P–D=+7) e P=8, D=15, I=17(det=P–D=–7).

la matrice	1	2			2	1
che si abbina →	|	|	→ La trasformo →	|	|
a 3,4,5	1	3			-1	3

E ricavo due nuove coppie di Pell (2,1) e (1,3) che generano le matrici abbinabili alle terne più piccole con cateti differenti di 7.

2	3	Il cateto pari è il doppio dei numeri in alto	12
|	|	Per l'ipotenusa aggiungo 1^2 e ottengo	13
1	5	Il cateto dispari è il prodotto alla base	5

$$\begin{array}{cc} \underline{1} & 4 \\ | & | \\ 3 & 5 \end{array}$$

Il cateto pari è il doppio di 1 per 4   8

Per l'ipotenusa addiziono 3^2 e ottengo   17

Il cateto dispari è il prodotto alla base   15

A questo punto si può continuare permutando

$$\begin{array}{cc} 2 & \underline{3} \\ | & | \\ 1 & 5 \end{array} \rightarrow \begin{array}{cc} 3 & \underline{2} \\ | & | \\ -1 & 5 \end{array} \qquad e \qquad \begin{array}{cc} \underline{1} & 4 \\ | & | \\ 3 & 5 \end{array} \rightarrow \begin{array}{cc} \underline{4} & 1 \\ | & | \\ -3 & 5 \end{array}$$

E deducendo immediatamente che i determinanti diventano rispettivamente 17 e 23.

Sbocciano numeri che non possono fare altro che soddisfare la formula di Pell $2n_j^2 - d_k^2$ con "n" intero e "d" dispari.

Il propagarsi di tutti i possibili determinanti è facilmente visualizzabile creando una tabella avente in colonna di sinistra i numeri interi e nel rigo superiore i dispari:

dall'incrocio si ha $x_{j,k} = 2n_j^2 - d_k^2$

I numeri che soddisfano la regola di Pell risultano essere una casta di numeri primi 1,7,17,23,31,41,47,71,73,79,89,97,103 ... (sequenza OEIS A001132[19]) oppure del prodotto tra essi: infatti il primo numero che compare pur non essendo numero primo è 49 (7^2) poi 119 (7*17) poi 161 (7*23) poi 217 (7*31) poi 287 (7*41) poi 289 (17^2) e così via (sequenza OEIS A058529[20]).

Una fortezza inespugnabile di numeri, supernumeri che consentono di creare infinite sequenze parallele di terne pitagoriche primitive (a parte il numero, 1, che genera una sola

19   OEIS A001132: numeri primi multipli di 8±1

20   OEIS A058529: Numeri i cui fattori primi sono tutti multipli di 8±1

sequenza di terne). La tabella contiene il doppio del j-esimo numero intero al quadrato meno il k-esimo dispari al quadrato, svuotando le celle che conterrebbero numeri generati dalle indesiderate coppie di numeri non coprìmi:

	1	3	5	7	9	11	13	15	17	19	...
1	1	-7	-23	-47	-79	-119	-167	-223	-287	-359	...
2	7	-1	-17	-41	-73	-113	-161	-217	-281	-353	...
3	17		-7	-31		-103	-151		-271	-343	...
4	31	23	7	-17	-49	-89	-137	-193	-257	-329	...
5	49	41		1	-31	-71	-119		-239	-311	...
6	71		47	23		-49	-97		-217	-289	...
7	97	89	73		17	-23	-71	-127	-191	-263	...
8	127	119	103	79	47	7	-41	-97	-161	-233	...
9	161		137	113		41	-7		-127	-199	...
10	199	191		151	119	79	31		-89	-161	...
11	241	233	217	193	161		73	17	-47	-119	...
12	287		263	239		167	119		-1	-73	...
13	337	329	313	289	257	217		113	49	-23	...
14	391	383	367		311	271	223	167	103	31	...
15	449		425	401		329	281		161	89	...
16	511	503	487	463	431	391	343	287	223	151	...
17	577	569	553	529	497	457	409	353		217	...

Si arriva a un certo punto e ci si chiede: "ma tutto ciò serve a qualcosa?" oppure "questi numeri hanno un senso?" e anche "hanno un'utilità? O sono superflui visto che c'è internet, c'è il PC, ci sono tabelle sparse qua e là?"

Oppure utilizzo[21] $3 + 2\sqrt{2}$ = 5.8284271247... come fattore moltiplicativo, agendo sia sul perimetro, sia sull'ipotenusa e sia sulla sommacateti, che mi permette di ottenere la successiva terna senza fatica?

E l'Area del triangolo successivo che è ottenibile moltiplicando per il quadrato di $3 + 2\sqrt{2}$ che è $17 + 12\sqrt{2}$ = 33.9705627485...?

Le inquietudini non si fermano qui. Prendo a caso una terna primitiva con |det|=1, ad esempio 23660, 23661, 33461 generata

dalla matrice

70	169	P=2*70*169 =23660
$\mid$	$\mid$	I=169*239 −70*99 =33461
99	239	D=99*239 =23661

e decido di permutare opportunamente quei quattro numeri per vedere ad occhi aperti l'effetto che fa, generando due nuovi ponti che hanno rispettivamente, come prima arcata:

169	268	entrambi con |det|=47321	**70**	309
$\mid$	$\mid$		$\mid$	$\mid$
99	437		**239**	379

Svolgendo i conti ottengo:

---

21   OEIS A156035: sviluppo decimale di $3 + 2\sqrt{2}$ facilmente dimostrabile.
risolviamo $\lambda_{k+1} = 6\,\lambda_k - \lambda_{k-1}$ ponendo $\lambda_k / \lambda_{k-1} = x$ e limite k→∞ si ricava:
$x\,\lambda_k + \lambda_k/x = 6\,\lambda_k$ quindi $x^2\,\lambda_k - 6\,x\,\lambda_k + \lambda_k = 0$ e semplificando $x^2 - 6x + 1 = 0$
$x = 3 \pm 2\sqrt{2} = (\sqrt{2} \pm 1)^{\pm 2}$ dato che $3 - 2\sqrt{2} = (3 + 2\sqrt{2})^{-1}$

169 — 268	Ricavo il cateto pari	90584
| |	Per l'ipotenusa aggiungo 99^2	100385
99 437	Il cateto dispari è il prodotto alla base	43263

70 — 309	Calcolo il cateto pari	43260
| |	Per l'ipotenusa addiziono 239^2	100381
239 379	Il cateto dispari è	90581

E seppure sia così grande la differenza tra i cateti del medesimo triangolo, come previsto, essi differiscono solamente di tre unità (90584–90581) e (43263–43260) e di quattro unità le ipotenuse (100385–100381); sono numeri vicinissimi tra loro, quasi gemelli, ad immagine e somiglianza di Castore e Polluce?

E si può avanzare ininterrottamente ad esempio prendendo un determinante con 10 cifre (1855077841) per avere due terne con tantissimi numeri e quasi gemelle? Basta prendere il ponte principale, fissare ad esempio lo sguardo sulla prima coppia

... 408 —	985 —	2378 —	5741 —	**13860** —	33461 ...
|	|	|	|	|	|
577	1393	3363	8119	**19601**	47321

di numeri di Pell di 5 cifre ciascuno, 13860 e 19601, verificare che ($|2*13860^2 - 19601^2|=1$) e con l'ausilio della colonna successiva, permutando come al solito, ottenere due ponti:

13860 —	61181	entrambi con |det|=	**33461** —	53062
|	|	1,855,077,841	|	|
47321	75041		**19601**	86523

E sviluppando:

13860	61181	Ricavo il pari	1,695,937,320
		+47321² per l'ipotenusa	3,935,214,361
47321	75041	Il cateto dispari è	3,551,015,161
		Perimetro	9,182,166,842
33461	53062	Ricavo il pari	3,551,015,164
		+19601² per l'ipotenusa	3,935,214,365
19601	86523	Il cateto dispari è	1,695,937,323
		Perimetro	9,182,166,852

Anche qui ci sono numeri, sempre più da capogiro, con i lati che differiscono solamente di 3 e 4 unità e i perimetri di un deca!

Quante cose si possono fare con quel ponte costruito partendo dalla sequenza di Pell! Numeri di Pell a cui sono vincolati le somme dei cateti e le differenze tra i cateti.

Avrei altre considerazioni da aggiungere ma per adesso va tutto bene, va bene così.

Indice

Copertina del libro:

Caro lettore, come avrai certamente osservato, il fronte ed il retro della copertina rappresentano entrambi il ponte vecchio sul fiume Ticino a Pavia ma con due aspetti differenti: il primo in bianco e nero, il secondo a colori. Ho voluto deliberatamente che sul fronte solo la volpe fosse a colori: ciò perché di quell'animale mi piace la qualità della curiosità più che della furbizia; è infatti solo grazie a quella che essa può scoprire, del mondo in cui vive, gli angoli ed i percorsi per assicurarsi una migliore sopravvivenza. Alla stessa stregua di quella, mi auguro che la vostra curiosità di giocare con i numeri vi conduca alla fine del libro, ove, se non avrete migliorato di certo la vostra sopravvivenza, potrete almeno osservare il ponte di Pavia a colori, dopo aver saltato, in una simbolica analogia, attraverso i "su e giù" delle matrici, la cui struttura ricorda molto quella portante di ogni ponte che unisce due sponde ed apre nuovi percorsi.

Dichiarazione di limitazione di responsabilità:

l'Autore nella stesura di questo libro ha effettuato tutte le ricerche possibili e con ogni mezzo, anche informatico oggi disponibile, al fine di non omettere di citare altri precedenti Autori che avrebbero potuto giungere, per vie diverse, a considerazioni analoghe a quelle contenute nella presente pubblicazione. Pertanto, nell'eventualità che qualcuno rinvenga in questa elementi riconducibili a documentazione scientifica già edita, lo comunichi affinché si possa provvedere a citarne la fonte.